U0317081

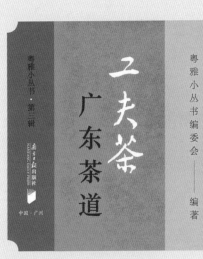

粤雅小丛书·第三辑

工夫茶 广东茶道

粤雅小丛书编委会 ——编著

南方日报出版社
NANFANG DAILY PRESS

中国·广州

图书在版编目（CIP）数据

工夫茶：广东茶道 / 粤雅小丛书编委会编著.广州：南方日报出版社，2024.8. -- (粤雅小丛书).ISBN 978-7-5491-2896-9

Ⅰ. TS971.21

中国国家版本馆CIP数据核字第202407DQ56号

工夫茶：广东茶道

编　　著：粤雅小丛书编委会
出版发行：南方日报出版社
地　　址：广州市广州大道中289号
出 版 人：周山丹
出版统筹：阮清钰
责任编辑：严文玮
装帧设计：邓晓童　劳华义
责任校对：朱晓娟
责任技编：王　兰
经　　销：全国新华书店
印　　刷：广州市岭美文化科技有限公司
成品尺寸：128mm×185mm
印　　张：2.5
字　　数：27千字
版　　次：2024年8月第1版
印　　次：2024年8月第1次印刷
定　　价：25.00元

投稿热线：（020）87360640　　读者热线：（020）87363865
发现印装质量问题，影响阅读，请与承印厂联系调换。

总序

　　广东是中国非遗大省，拥有粤剧、剪纸、皮影等世界级非遗，醒狮、广彩、广绣、玉雕等国家级非遗，以及省、市、县（区）级各类非遗名录。源远流长的岭南文化孕育了绚烂多姿的非遗项目。这些非遗是南粤人民的智慧凝结，也是岭南文化的精粹体现，既见证了时代变迁与社会进步，也汲取其精神营养而不断发展。

　　与此同时，非遗也是广东人民与世界交流、沟通与合作的桥梁。在历史上，广东作为海上丝绸之路的重要节点，与世界各地有着密切的经贸和文化往来，不少非遗受到外来文化的影响，形成了多元融合、中西合璧的特色。

基于此，由南方日报出版社自主策划编写的"粤雅小丛书"应运而生。本丛书旨在打造"广东非遗小系列·岭南文化轻读本"，通过梳理每一项非遗的历史源流和发展脉络及其背后独特的地域文化基因，总结分析其艺术特色及传承现状，挖掘传统技艺器物的文化意涵，传承充满浓浓乡愁的广东韵味，进一步弘扬中华优秀传统文化。

"粤雅小丛书"，立点在"粤"，焦点在"雅"，特点则在于"小"：力争"小见大"，通过非遗这个小切口，反映当下岭南文化的鲜活脉动，并服务于中华优秀传统文化"两创"的大主题；聚焦"小而特"，摒弃精深的大部头专著做法，挑选当下岭南最具时代活力和广泛影响的非遗分项介绍，篇幅力求短小精炼，突出岭南特色、岭南风格、岭南韵味；设计"小而美"，采用小32开本制作便携易读的掌上小书，图文并茂，风格典雅，装帧考究，半小时内即可读懂该项非遗的前世今生；传播"小而优"，通过中、英文等不同语言版本以及新型文创设计，实现优质资源的多元多次开发，推动岭南文化"走出去"。

本丛书是一场不落幕的岭南文化迷你展，也是一道值得收藏欣赏的非遗雅集风景线。

生活即艺术，匠心新造物。岭南非遗是民艺的殿堂，也是匠心的传承。愿这套书能为读者们携来几许文化清风，一窥岭南非遗的绚丽风情。我们亦冀望本丛书的多种语言版本能为遍布世界的华人华侨带来情感的慰藉和文化的滋养，让爱好中华文化的国外读者走近岭南非遗，在阅读中真切感悟到中国精神、中国价值、中国力量。

粤雅小丛书编委会

2024年8月

目录

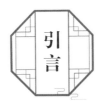

引言

　　2022年11月29日，中国申报的非遗项目"中国传统制茶技艺及其相关习俗"成功通过评估，获批列入联合国教科文组织人类非物质文化遗产代表作名录。这个非遗项目涉及全国15个省（区、市）的44项国家级非遗代表性项目，涵盖六大茶叶种类和再加工茶等传统制茶技艺，以及不同地区茶文化相关习俗。潮州工夫茶艺作为广东省唯一参与联合申报的项目，是本次申报的重要组成部分。

　　工夫茶历史悠久，宋代发轫于福建北

部，清代起在福建漳州、泉州、汀州和广东潮州兴起，晚清至民国初期在潮汕地区渐成风尚。工夫茶之名，源于福建武夷山的岩茶，在清代文人的相关记载中，岩茶中顶级品种即被称为"工夫茶"。在潮汕话里，"工"音类"刚"，"工夫"有精细、讲究、耗时间精力的意思。工夫茶茶具精美，茶壶、茶杯堪为艺术品，取茶叶、烧水、放茶杯等都有专用的工具，无一不精致考究。工夫茶的冲泡技艺复杂，为了激发好茶的香气，让泡出来的茶能够唇齿留香、有回甘，工夫茶的冲泡程式多达21项。据说旧时茶行要有"三个半师傅"——三个制茶师傅，另外半个是泡茶师傅，可见泡茶的确是讲究且耗"工夫"的技艺。

工夫茶是潮汕人日常生活不可或缺的一部分，无论是亲朋往来、宴客答谢、生意商谈，还是纠纷调解，工夫茶都在其中扮演穿针引线的重要角色。"茶薄人情厚",从等候水沸,到完成冲泡,再小啜一口,在这个过程中,家人朋友增进感情,商业伙伴谈成生意,矛盾双方化解纷争。工夫茶的精致器皿和独特茶艺所蕴含的"和、敬、精、乐"的精神内核,契合中国茶道追求的"天人合一",传承着中华传统文化中和谐共处、互敬互爱、雅乐共赏的美好品质。

"有闲来滴茶"(潮汕话,即"有空来喝茶"),传达的不仅是一种生活方式,更是中华民族谦恭尚礼而又热情好客的优良传统,向各国人民展示着延绵千年的东方魅力。

第一章

一脉相承

潮州工夫茶的前世今生

起源：唐宋遗风　明清习尚

　　人们常用"有潮汕人的地方就有工夫茶"这句话来形容潮州工夫茶与潮汕人密不可分的关系。这里其实有两个需要辨析的概念，即"潮州"和"潮汕"。

　　潮州是古城，在东晋即已建制，距今已有1600余年历史，隋开皇十一年（591）正式定名为"潮州"，这时的潮州领海阳、绥安、海宁、潮阳、义招、程乡等六县。元朝，潮州改称"潮州路"。明洪武二年（1369）改"潮州路"为"潮州府"，该称延用至清末。潮州府管辖范围广泛，覆盖

工夫茶是潮汕人的一种生活方式

海阳、揭阳、潮阳、澄海、普宁、饶平、惠
来、大埔八邑。乾隆三年（1738）置丰顺县
后，潮州府辖九县。

　　"潮汕"一词则是近代产物，最初特指
中国第一条侨商私办铁路。该条铁路由印尼
华侨张氏兄弟于1904年投资兴建，连通潮州
府和汕头埠，火车机车头取名"潮汕"。近代

以来，随着汕头凭借港口优势逐渐成为粤东的
经济中心，人们开始习惯"潮""汕"并称，
"潮汕地区"的概念逐渐形成。1991年国务

汕头小公园

院调整行政区划，汕头、潮州和揭阳升格为三个地级市。当地人将"潮汕"视为这三个市的统称，广义的"潮汕"则指包括汕头、潮州、揭阳、汕尾在内的整个潮汕文化区。

潮州工夫茶得名于潮州府，流行于整个潮汕文化区。研究潮州工夫茶的起源发展，实际是探索工夫茶在潮汕地区的前世今生。

据专家考证，有文字记载的潮州饮茶历史，最早可追溯至北宋。潮州金山残留的宋代摩崖石刻有诗句"茶灶香龛平"，出自北宋潮州知州王汉之手，"茶灶"就是煮水的茶器。唐宋"潮州八贤"之一张夔的《和徐璋送举人韵》中有诗句"燕阑欢伯呼酪奴"，"酪奴"就是茶的别称，源于《洛阳伽蓝记》里北魏人王肃所说的"唯茗不中，与酪作奴"。而从潮州人开始饮茶到潮州工夫茶最终的模样成形，中间经历了一个漫长的过程。

福建南平，武夷岩茶核心产区

　　"工夫茶"一词，源于对福建武夷山一
种茶叶的命名。自古以来，武夷山便是产茶
区，而茶叶的品质则因其生长的具体地理位
置差异而有所不同。清代雍正年间陆廷灿的
《续茶经》引《随见录》指出，武夷茶中，
生长于岩石缝隙间的茶树所产之茶，称为岩
茶，被视为茶中上品；长在河溪边的茶树叫

作洲茶，品质较次。不同石山产的岩茶又有不同的名称，武夷山北麓三坑两涧出品最好，其中品质最佳的称为"工夫茶"。

在唐代之前，人们采摘茶叶后不做任何加工，直接切碎放水里煮着吃。唐代开始，出现了较为复杂的制茶工艺。陆羽《茶经》记载，当时人们采摘茶叶后，通过"蒸之，捣之，拍之，焙之，穿之，封之"这几个步骤把茶叶制作成茶饼，饮用的时候再捣成末，加上葱、姜、橘子皮等一起煮了喝，称为"煎茶法"。

宋代也做茶饼，增加了"拣茶"和"榨去茶汁"两道工序，茶饼更加精致，叫"团茶饼"。进贡朝廷的茶饼专门印制上龙凤图案，被称作"龙团凤饼"。宋代茶饼饮用方式也有别于唐代的煎茶，唤作"点茶"。饮茶时，将经过烘烤的团茶饼研磨成细粉，置入茶盏之内，其间不添加任何调料，接着倒入少量沸

点茶时，用茶筅在茶液中搅出泡沫

水，调制成膏状，随后边持续注入沸腾的水，边利用茶筅快速搅动茶液，直至泛起丰富的白色泡沫。茶沫越白越厚，茶叶越优质。技艺高的人，还能够在茶沫上画出花草虫鱼等各种图案。团茶饼工艺复杂，造价昂贵，只在宫廷和贵族间流行。北宋晚期，出现了散茶（草茶），虽然在饮用的时候还是要先磨成粉，不过不必事先压制成茶饼。

元朝时团茶饼只用于进贡，民间特别是南方地区散茶盛行，人们用开水浸泡茶叶去除杂质，再把茶叶放到茶铫中加沸水煎煮。
散茶真正登上历史舞台是在明洪武时期。皇
帝朱元璋因团茶饼制作耗费财力过多，下诏
废止团茶，皇家贡茶改用散茶。与此同时，

茶叶采下后需平铺晾晒去掉水分

喝茶的方式也开始多样化，其中步骤简化的"瀹饮法"渐渐风行开来。简单来说，瀹饮法就是把适量的茶叶放入注有沸水的茶瓯中，盖上盖子稍焖，再分与客人饮用。

瀹饮法拉开了工夫茶茶叶制作工艺的帷幕。因为不需要制作茶饼，茶叶制法从蒸转为炒，茶叶主产地武夷山的僧人最早尝试炒制岩茶。明代王草堂的《茶说》记载武夷山岩茶制作有六道工序，采、摊（晾晒）、撼（摇青）、炒、焙、拣，"香气发越即炒，过时不及皆不可，既而焙，复拣去老叶及枝蒂，使之一色"。炒焙兼施制作的茶叶叶色紫赤，呈发酵或半发酵状，新的茶类品种乌龙茶就此诞生。乌龙茶的制作工序在六种茶类里属于最为考究的工艺，最费工夫，因此工夫茶在当时又成为乌龙茶精巧制作工艺的代名词。

伴随新品乌龙茶的诞生，茶叶冲泡的

方式也不断改进。乾隆二十七年（1762）版福建《龙溪县志》记载的武夷山泡茶方式，较明朝时的瀹饮法更加讲究，要用晚明紫砂壶大师时大彬制作的大彬壶冲泡，搭配若深杯（产自景德镇的青花蓝小杯），煮水要用大壮炉，水必须是指定水源的好水，现代工夫茶的泡法已见雏形。

袁枚在《随园食单》里记录他去武夷山喝武夷茶（乌龙茶）的经过：僧人用香橼大

国家级非物质文化遗产项目"潮州工夫茶艺"省级代表性传承人叶汉钟为学徒演示讲解摇青步骤的操作要点

小的壶冲茶，茶杯如胡桃般，容量不足一两，入口清香，回甘浓郁。小壶小杯喝乌龙茶，已然和现代工夫茶无异。

宋代茶叶昂贵，潮州关于饮茶的记载，局限于官员、文士。明代潮州戏文中出现喝茶的次数增多，说明民间已有饮茶习惯。明清时期潮州较少种植茶树，茶叶主要是从福建贩入。潮州虽然属于南粤，但三面环山，与珠江流域之间隔着莲花山脉，是远离广府的"省尾"，反倒与福建紧密接壤。历史上中原士族几次大的移民潮，都是先到福建，最后才落户潮州。宋代韩江三角洲的开发，吸引了来潮任职官宦落户和大批闽人移居。移民带来了中原和福建的文化、习俗、礼制等，伴随活跃的商贸活动，货物产区的风俗习惯也传入潮州。武夷山改良的工夫茶泡茶程式，随着茶叶贸易传播到潮州。

曾楚楠在《潮州工夫茶话》中提出"乌

龙茶产销双方共创说"，指出茶商一般都是烹茶高手，对泡茶有自己的心得。长期合作的茶农和茶商在改善茶叶品质、优化冲泡方式以增强口感等方面互通经验，促进茶叶质量提升，茶叶冲泡程式不断改良，促使潮州工夫茶艺最终呈现今天精致的模样。

潮汕工夫茶作为茶艺正式得名，是在清代人俞蛟于乾隆五十八年（1793）写的文言小说《潮嘉风月记》中，其中描写的韩江六篷

工夫茶已形成使用小壶小杯的特色

船上烹制工夫茶的过程，是最早关于潮汕工夫茶茶器和茶艺的记载。书中记述，泡茶的器具讲究且齐备，细白泥火炉、容量只有半升的宜兴紫砂壶、画着山水人物的瓷杯盘，"杯小而盘如满月"；其他辅助工具，瓦当（作壶承、杯托）、棕垫、纸扇、竹夹等，"制皆朴雅"；泡茶时，"先将泉水贮铛，用细炭煎至初沸，投闽茶于壶内冲之，盖定，复遍浇其上，然后斟而细呷之。气味芳烈，较嚼梅花更为清绝，非拇战轰饮者得领其风味"。这个工夫茶冲泡程式已经和现代的差别不大，说明在清朝乾隆年间，潮州人喝茶已经是风尚，工夫茶艺已经趋于成熟。

传播：代代相传　名扬四海

光绪年间的张心泰对潮汕人喝工夫茶印象深刻，他在《粤游小记》中写道："潮郡尤尚工夫茶，……甚有酷嗜破产者。"民国时期，徐珂所著《清稗类钞》也记载了一则潮州"食茶破家"的故事：有个乞丐带着一个茶壶到大户人家乞讨一杯好茶。主人冲的每一泡茶，乞丐都能点评优劣。主人大奇，追问之下才知道，这乞丐原是富豪，因为嗜好饮茶，醉心购买上等岩茶而致家道中落，沦为乞丐。唯独剩下一把茶壶，无论多穷都不会卖了换钱。

1916年出版的《清朝野史大观》记载："中国讲求烹茶，以闽之汀、漳、泉三府，粤之潮州府功（工）夫茶为最。"里面又提到："相传，昔潮郡有富翁好茶尤甚，闻于一方。"可见喝茶仍是较为高级的消费，喝得起茶的，一是商人、官宦和雅士这类有钱人，二是祠堂的闲人。在过去，潮汕地区乡间能喝工夫茶的地方叫"闲间"，它类似现在的茶艺馆，提供工夫茶，乡亲聚在里面可以一边聊天一边喝茶，话题非常自由，其间还有音乐演奏，喜欢潮乐的可以在这里自娱自乐，这是潮州文化中独有的场景。

新中国成立后，工夫茶进入普通百姓家。国家级非物质文化遗产潮州工夫茶文化传承人陈香白回忆，二十世纪四五十年代潮州的牌坊街骑楼下，商铺店家都把工夫茶具摆在长廊上，路过者，无论认不认识，皆可坐下来饮茶。潮汕人把茶叶叫作"茶米"，把冲泡好的

潮州牌坊街

茶叫作"茶水"，认为茶就如水和米，是不可或缺的生存物资。秦牧在散文《敝乡茶事甲天下》中，说他原以为烦琐的工夫茶艺会在新中国成立后被劳动人民抛弃，结果发现风气更加浓厚，无论是农民、工人还是服务员，在每一个空闲的时候，都会拿出工夫茶具，悠闲地泡茶小啜，"遵古法制"和旧时大户人家没有差别。他不禁感叹："我到过全国各个大区，虽然各处人们都懂得喝茶，喜爱喝茶，……但是，喝茶喝得那样认真，那样精益求精，几乎登峰造极的，照我看来，潮汕着实名列榜首而无愧。"

雍正初年，随着清朝海运政策的变化，以红头船为标志的潮汕商帮开始了与东南亚地区的贸易往来，并在这一过程中迅速占据重要地位。由于潮汕地少人多，大量潮汕人下南洋谋生，到19世纪50年代初，东南亚地区的华人达百万之多，绝大部分为潮汕籍。潮汕人除了把先进的生产技术带到了东南亚各国，还带去了工夫茶。一杯茶入口，不仅解乏，更解乡愁。如今在东南亚从事商业活动的"侨二代""侨三代"，仍习惯随身携带一套工夫茶具，在谈生意前，先喝一杯茶。东南亚气温较高，湿度较大，茶叶在运输和存放过程中容易出现酸味，这就催生了"南洋工夫茶"冲泡法，用独特的"四板

在潮州，经常可以看到当地人在街边喝茶

斧"动作（注水一高一低，出汤一迅一缓）除去茶叶酸味，使茶汤口感更加浓烈。

2008年，潮州工夫茶艺入选第二批国家级非物质文化遗产名录。潮州市政府和相关行业人士积极行动，根据一代代人传下来的经验制定标准。2018年，首部工夫茶艺培训教材《中国（潮州）工夫茶艺师》面世。2019年，中国茶叶学会在《潮州工夫茶艺技术规程》中，明确了工夫茶艺的标准程式为二十一式烹泡。2021年，潮州市市场监督管理局组织专家评审团，审核通过由省级非遗传承人叶汉钟等起草、潮州工夫茶文化研究会发布的"茶壶和盖瓯""茶杯""泥炉""砂铫"等四个标准，使"茶器四宝"的技术工艺有章可循。2022年，潮州手拉朱泥壶市级地方标准通过评审，手拉壶制作从此有规可依。规范的确立使一代代良工巧匠的智慧进一步系统化，更加突出了潮州工夫茶的特点，有利于促进潮州工夫茶文化的延续与兴盛。

当今潮汕各界都在努力推广工夫茶，打造潮州凤凰山单丛品牌，还让潮州工夫茶艺、茶具等走出国门，出现在迪拜、开罗等地的国际展会上，远播四海。

叶汉钟开设的"潮州工夫茶艺"师资班上，学徒操练潮州工夫茶艺壶泡法，练习执壶手法，把握运汤气息

2023年11月，在埃及开罗举行的粤港澳大湾区世界级旅游目的地推介会上，埃及嘉宾对工夫茶十分感兴趣

在潮州，一些华侨旧宅被改造为以茶为主题的博物馆和民宿，游客在有百年茶树的宅子里参观、居住，直观感受工夫茶的魅力。很多潮汕年轻人加入传承推广非遗文化的队伍，不断摸索跨界融合方式，把传统茶文化与现代时尚元素结合起来，研发周边产品，制作出以茶叶为原材料的月饼、茶点，推出"茶园众包""茶树认筹"等茶文化体验活动，推动茶产业链的延伸，让非遗文化在现代社会活起来，被越来越多人喜爱。

第二章
风雅精致
潮州工夫茶的审美特征

茶艺：高冲低斟　风雅之美

作为"潮人习尚风雅，举措高超"（语出翁辉东《潮州茶经·工夫茶》）之代表的工夫茶，在选茶、用器和烹泡上，都有独特而讲究的方式。

选茶：乌龙茶香

潮汕人喝茶，注重茶汤的口感和香气，讲究茶汤要有"肉头"，意思是茶汤要丰富浓郁，回味无穷；同时还要"喉底着厚"，即喝下茶汤后，唇齿留香，舌间生津，回甘明显。

因此，只有香味的绿茶和红茶被舍弃，色泽青褐如铁的乌龙茶成为工夫茶首选。典型的乌龙茶有武夷山大红袍、安溪铁观音和潮州凤凰单丛。

明清时潮州茶树种植少，产量低，没有优质茶，上好的茶叶都来自闽地。康熙年间的《饶平县志》记载："粤中旧无茶，所给皆闽茶。"一直到民国时期，潮汕商人还会到福建采购好茶，再销往广州、香港和东南亚等地。大红袍和铁观音便是福建名茶。大红袍被称作"岩茶之首"，茶叶条索紧结而匀整，制作工序有十一道，结合了红茶和绿茶的制法，工夫考究，茶汤深橙色，口感醇厚回甘。铁观音长在武夷山山脚，茶叶条索卷曲，色泽绿润起霜，茶汤琥珀色，有天然的兰花香，耐泡，甘中带香。

明清时期，潮州凤凰山的茶树种植和茶叶加工多依靠武夷山茶农南下指导，品种以凤

大红袍

铁观音

单丛

凰水仙为主。清末茶农把优异单株分离培育，这种高品质的凤凰水仙被称为凤凰单丛。

新中国成立后，潮州地方政府大力发展名茶生产，推行连片种植。为了激发茶叶的香气，相比其他乌龙茶品种，单丛的制作过程更加讲究。为了激发茶叶的香气，晒青之后还有晾青、碰青，碰青须持续10至12个小时，使茶叶达到"红边绿腹"的状态。单丛经典香型有自然花香型、果香型和药香型三

潮州凤凰单丛茶博物馆中展示的几十年老茶

正午是采摘单丛茶叶的最佳时间，采茶工们爬上梯子摘取嫩芽

刚摘下的单丛茶青

种，从中细分出的香型多达上百种，因此单丛又被称作"茶中香水"。单丛茶汤清澈金黄，清香持久，口感浓醇清爽，渐渐取代武夷茶，成为潮汕工夫茶的茶叶代表。

茶具：器皿精良

潮汕文史学者翁辉东在《潮州茶经·工夫茶》中写道："工夫茶之特别之处，不在于茶之本质，而在于茶具器皿之配备精良，以及闲情逸致之烹制。"他在该书自序中总结了二十余种工夫茶器，包括冲罐、盖瓯、茶杯、红泥火炉、砂铫、茶洗、茶盘、茶垫、水瓶、水钵、羽扇、铜箸、锡罐、茶巾等。其中最有名的当数冲罐和盖瓯、茶杯、红泥火炉、砂铫，合称"茶器四宝"。

冲罐：冲工夫茶用的壶称"冲罐"，最好的是紫砂壶。在明代瀹饮法出现后，紫砂茶具因泡茶不走味、贮茶不变色、盛暑不易馊而深受欢迎。明清时期宜兴紫砂壶制作大师层出不穷，包括明朝的供春、时大彬，清朝的陈鸣远、惠孟臣，等等。其中惠孟臣擅长制作小壶，所制壶"香不涣散，味不耽搁"，非常适合用于冲泡工夫茶，因此备受潮州人追捧。

清代，工夫茶在潮州流行起来后，一把名师壶的售价可以跟黄金媲美，潮商见紫砂壶热销，便购买了大量宜兴紫砂壶，交由潮州枫溪窑工们用本土泥料朱泥仿制。窑工们从仿制起步，提升质量，创新款式，改拍打为手拉，制作了自成风格的潮州朱泥手拉壶。

朱泥手拉壶发茶性和透气性都很好，泡过的茶叶留存在壶里，放十天还有香气。壶的大小按照喝茶人数而定，可以分为两人

各式各样的手拉壶

朱泥壶手拉成型法具有灵活多变、随心而就的特点

罐、三人罐和四人罐。质量上乘的壶，盖子倒扣在桌面上时，壶口、壶嘴和提手的上缘处于同一直线上，被称为"三山齐"。一把好壶使用时间越久，壶面光泽越漂亮。使用过程中，壶内壁茶垢是不洗的，茶渍越多，茶壶越有价值。不放茶叶，倒水就能喝出茶香的壶就是珍品壶。枫溪代表性的手工壶作

坊有"源兴"吴家、"安顺"章家、"俊合"谢家等。

盖瓯：清雍正年间，用盖瓯冲泡茶叶逐渐盛行。盖瓯就是盖碗，从上到下分为盖、碗、托，寓意天为盖，人承之，地为托，天地人三者合一。盖碗多为陶瓷制作，因为口阔，留香不久，故不及冲罐使用普遍。

茶杯：工夫茶茶杯以若深杯为佳，又叫

有撇口的茶杯

用盖瓯倒茶

若深瓯，康熙年间在景德镇烧制，杯子白地蓝花，壁薄如纸，小巧玲珑，因杯底有"若深珍藏"而得名。后人将品饮工夫茶的细小瓷杯统称为"若深杯"。若深杯有两种款式：一种为撇口，拿茶杯时即使茶水滚烫也不会烫到手指，方便夏季使用；另一种为直口，杯壁较厚，适合冬天使用。

红泥火炉：煮水的炉子，又叫作风炉、炭炉。清初多用白泥炉，后多为红泥炉，以榄核炭为燃料，炉身圆柱形为主，炉心深而小，耐高温，便于炭和空气充分接触燃烧，加速水的沸腾。

砂铫：传统的烹水壶，材质为陶泥，雅号"玉书煨"，俗称"茶锅仔""薄锅仔"。铁壶、铜壶煮水会带金属的腥涩味，而陶泥做的壶壁薄如纸，加热迅速，容量适中，煮出来的水甘甜没有土味，最适合冲工夫茶。

砂铫、红泥炉与榄核炭

随着时代的发展，科技的进步，更实用简便的茶器应运而生。比如，红泥火炉已被更加快捷便利的电磁炉等代替；烹水壶有了更多材质，如瓷制的、不锈钢的或者玻璃的；甚至还有用斗笠杯代替若深杯的……但无论如何改变，这些都是为了更加方便喝茶所进行的改良，不变的是潮汕人对工夫茶的痴迷喜爱。

烹泡：二十一式

工夫茶的与众不同之处在于"天做一半，人做一半"。天做的那一半，是茶叶生长的自然环境和气候；人做的那一半，一是制茶，二是泡茶。泡茶流程，又叫程式，分为二十一个规范步骤，称"二十一式"，分别为：茶具讲示，茶师净手，泥炉生火，砂

滚杯烫杯：一杯侧入另一杯里，手指转动，使茶杯绕起圈来

铫加水，榄炭煮水，开水热罐，再温茶盅，茗倾素纸，壶纳乌龙，甘泉洗茶，提铫高冲，壶盖刮沫，淋盖追热，烫杯滚杯，低洒茶汤，关公巡城，韩信点兵，敬请品茗，先闻茶香，和气细啜，三嗅杯底、瑞气和融。

完成一套"二十一式"大概用时十分钟，每一步都有典故。比如冲茶的水，最好的当然是山泉水，旧时潮汕人为喝好茶，每天不远数十里去取山泉水。现代冲泡，最不济也要用矿泉水。生火用油脂含量高的榄核炭，是因为其火猛均匀，煮好的水还有橄榄清香。第一壶沸水把杯罐淋热，便于提热发香。"茗倾素纸"是把茶叶倒到素纸上分粗细，方便装壶的时候把粗的铺壶底，细的作填充，略粗的铺面。茶叶只能放七分满，避免茶水因过浓而苦涩。"甘泉洗茶"可与"头冲冲脚惜（'脚惜'，潮汕话中指脚汗），二冲冲茶叶"的说法相联系，据说以

提铫高冲：高提砂铫向冲罐或盖瓯中注水，水满为止

关公巡城：循环斟茶，冲罐或盖瓯似巡城关羽

韩信点兵：一点一滴平均分注，戏称为韩信点兵

前茶叶是用脚踩压装箱，所以第一泡茶是洗茶，冲掉茶叶杂质和沾染的汗与灰尘。"提铫高冲"指用高冲的方法，使沸水直达罐底，有助于减少茶水的涩味。"低洒茶汤"为的是倒茶时茶水不会溅出来，香气不会溢开。"关公巡城""韩信点兵"更是家喻户晓，为的是各个杯中茶水的量和色都均匀。

总而言之，无论程式如何讲究，都围绕着泡出一杯好茶这个中心。正如陈香白所说："离开了这个目的，你泡的茶人家一喝就皱眉，你讲得再天花乱坠也没用。"

茶道：和敬精乐　古韵之风

　　中国茶文化历史悠久，"中国传统制茶技艺及其相关习俗"能够入选人类非物质文化遗产代表作名录，不仅是因为该项目具备成熟完整的传统技艺和完善的传承系统，还因为茶文化里蕴含的中华民族的生活方式、生活美学和道德修养为世界所认可。而工夫茶之所以能成为此次申遗项目的重要组成部分，除了它别具匠心的茶艺和考究的器皿值得称道，还因为它具有与中国茶文化一脉相承的精神和文化内涵。

　　潮州文史专家曾楚楠总结，工夫茶有

"和敬精乐"的精神意蕴，他在《潮州工夫茶话》中写道："'和''敬'是全世界茶道共通的精神，一丝不苟的'精'与雅俗共赏的'乐'，则是潮州工夫茶艺特有的气质。"

和：和谐共处

中国文化以天人合一为最高境界。《礼记·中庸》里说："和也者，天下之达道也。""和"是天下人共同遵守的基本准则，天地万物和谐共处，人与自然浑然一体。工夫茶程式里的"关公巡城"，来回向各个茶杯斟茶，使茶汤口感一致，就是"和"的体现。亲朋闲坐或生意洽谈时喝工夫茶，大家围茶盘而坐，在品茶论道中沟通感情，交流信息，达成合作意向。工夫茶作为一条纽带，在人际交往中消除隔阂，建立互相信任的基础，从而使人与人之间达到心

三杯茶组成一个"品"字，达到"和"的意境

意相通、和谐共处的状态。

受到工夫茶"和"意蕴的启发，2022年潮州市政府还创新运用"茶文化六步调解法"，通过识茶（甄别矛盾）、醒茶（追根溯源）、泡茶（公平公正）、斟茶（把握分寸）、敬茶（以礼相待）、悟茶（纾解心结）这六个步骤，调和关系化解矛盾。矛盾双方和调解员一起坐下，调解员一边泡茶一边纾解双方心结，激动的情绪被热腾腾的茶抚平，大家在敬茶品茶的过程中定分止争。

敬：恭敬谦让

潮汕地区有句俗话，叫作"茶三酒四踢桃（游玩）二"，意思就是喝茶的理想人数是三个，喝酒适合四人，游玩则两人结伴最宜。一套工夫茶具标配为一壶三个杯，喝茶不认杯，表示一同喝茶的人不分彼此。

潮汕人以茶待客的习俗自古有之，朋友

茶泡好后，先请客人用茶

登门拜访，邻居过来闲坐，主人都会冲泡工夫茶招待，这是最基本的礼节。新客登门，主人会撤了茶壶里的茶叶，换一泡新茶，以表示对新到来客人的尊重。茶越浓代表主人越热情，薄茶被认为有失礼客之道。如果茶越冲越淡主人还没有更换之意，就暗示主人有逐客之意。

喝茶的时候讲究先客后主，司炉（泡茶者）最末，每轮斟茶，大家嘴里说着"来食""来食"，互相谦让。一般按照长先幼后的顺序，长辈和客人优先品第一杯茶，然后才是晚辈、主人的自家人。敬客时先敬远宾，再敬近邻。茶杯不够，大家互相谦让，先喝的人要等其他人喝过一巡再喝第二杯，寓意团结友爱谦让。不过，还有一句俗语叫"茶无三推"，意思是推让不要超过三次，超过三次茶凉了就不好喝了，过分客气反而是一种失礼的行为。

精：精益求精

"精"表现在工夫茶的茶器和冲泡程式上，这源于潮汕文化的创新精神。明代开始的大移民，使潮汕地区的人口与日俱增，生产用地变得紧张。为了解决粮食问题，让有

限的田地产量更高，潮汕人琢磨精耕细作的生产模式，把一亩田当几亩田用。这个创新思维也被用到了商业和日常生活里。比如潮

紫砂壶冲茶，精巧讲究

汕人经商以精巧取胜，物尽其用。日常生活里的吃的菜、听的戏、喝的茶，也被不断研究改进，精益求精。

如冲茶所用的冲罐，虽然仿照宜兴紫砂壶起家，但是能工巧匠不断研究改良，结合潮汕人喜欢叶条索长的乌龙茶、冲罐需保温持久等特点，研制出风靡天下的潮州手拉朱泥壶。又如，当今通行的品茶方式都脱胎于瀹饮法，但只有工夫茶能通过开水热罐、再温茶盅、淋盖追热等程式，达到陆羽《茶经》里所说的茶须"乘热连饮之"的效果。还有一系列听音辨水、烫杯滚杯等冲沏手法，无不是需要专注细心的技术。这份精致不仅烹泡出让人们的味蕾得到享受的茶水，还会让人的心灵得到安定，精神获得放松，在氤氲的茶香中，达到天人合一的境界。

淋盖追热，使茶香充盈壶中

乐：赏心乐事

"乐"指工夫茶的精神享受。潮汕人喝茶不分地点，翁辉东在《潮州茶经·工夫茶》自序中写道："无论嘉会盛宴，闲处寂居，商店工场，下至街边路侧，豆棚瓜下，

品茶读书，一大乐事

每于百忙当中，抑或闲情逸致，无不惜此泥炉砂铫，举杯提壶，长饮短酌，以度此快乐人生。"潮汕地区常见这般有趣的情景：高速公路堵车，车主在路边支了桌子喝工夫茶；跑马拉松，补水站除矿泉水外，还供应一杯杯的工夫茶；读初中的孩子把整套茶具放在课桌脚下，趁老师写板书时迅速冲泡，前后桌各分一杯；节日游神的队伍里，有随队前进的专职泡茶人员，他们挑着茶担，一

边是火炉和木炭，一边放茶具和茶叶，在行
走间冲泡工夫茶，方便边走边吹拉弹唱的参
演人员在表演空当喝上一杯。

清代"崔福德善堂"木雕方橱，俗称"茶担"

潮汕人喝工夫茶既讲究又不讲究，比如完整的茶艺程式有二十一式，但若用十八式，只要核心步骤不缺，也能冲出好茶；配套的茶具有数十件之多，而一般人家可能只有三四种，也够用；有钱人家喝贵的闽茶，条件差的买本地普通茶，但喝起来一样开心，冲茶、品茶等过程的享受不受身份地位、经济条件的制约。工夫茶更像是潮汕人的一种生活必需品，融入日常，给人们带来身心的愉悦。

第三章

雅俗同赏

潮州工夫茶的礼俗风尚

茶俗：以茶待客　以茶行礼

　　潮汕人的生活与工夫茶密不可分。工夫茶承载着潮汕人的礼节与习俗，潮汕地区的许多礼俗也都跟茶有关。

对潮汕人来说，无论是会亲友还是谈生意，工夫茶都必不可少

工夫茶可谓潮汕地区的"待客使者"，每有客来，必以茶相待。在款待宾客时，有"酒满敬人，茶满欺客"的习俗，意为喝酒的时候，要通过给客人的酒杯倒满酒来表达主人的热情；但是喝茶时，茶杯只能倒七分满，因为茶是热的，茶杯小而薄，如果茶汤过满，客人容易因烫手或拿不稳而把茶汤洒出来。

潮汕民间有个故事叫"水滚目汁流"，"目汁"在潮汕话里是"眼泪"的意思。这个故事有几个版本，一个有趣的版本说的是新媳妇的弟弟第一次到姐夫家做客，因为小舅子是尊贵的客人，所以喝茶的时候首先被敬茶。小伙子老实，一敬就喝，主人见茶喝完就赶紧给他续。小伙子不懂拒绝，连续喝了好多杯，肚子饿得咕咕叫，听到主人说"水滚了"，想到还要喝茶，眼泪忍不住就流了下来。

工夫茶作为一种社交工具，能够营造良好的商业氛围，喝工夫茶的过程，非常适合商人了解信息，结交人脉，寻找机会。对潮汕商人来说，茶道也是商道。"客至则设茶"，在喝茶交谈中形成一张人际关系网，在闲聊中结识朋友，掌握商机。"过门是客茶来冲"，走进潮汕的店铺，店家会热情地邀请顾客喝上一杯茶，大家一边喝茶一边聊天，抛却买卖双方的身份，主客如朋友般闲聊。"茶越喝越近"，做生意虽然是为了赚钱，但要以尊敬他人和保持谦逊为根本，通过喝茶聊天，交到更多的朋友，才能把生意做大做强。工夫茶作为一条纽带，传递出以和为贵、诚信友善的潮商风格。

　　工夫茶贯穿潮汕人的一生。在潮汕一些地方，婴儿一出生，家长就要用纱布沾上茶水，在他口腔转一圈，寓意先苦后

新娘给长辈敬茶

甜。潮汕婚礼保留中原古风，聘礼统称
"三茶六礼"，一个婚礼只有完成"三
茶"和"六礼"才能算明媒正娶。婚礼第
二天，新媳妇要给长辈敬献甜茶，表示尊
敬长辈，生活甜蜜。家里老人去世，亲戚
来拜祭，丧家须以甜茶相待。潮汕人祭祀

祖先的仪式中有"敬茶"环节，供奉三杯茶在祖先神位牌前，意为请祖先"食香茗"。工夫茶融入潮汕人生活的方方面面，用独有的沏茶、品茶方式承载潮汕人特有的精神追求和习俗风貌，成为潮汕群体团结凝聚和自我认同的一个显著标志。

茶趣：伴茶而诗　和茶而歌

　　喝茶在古代是风雅之事，最早接触到茶的，都是官宦人家和文人雅士。品茶不仅可

雪地中的工夫茶艺表演

以生津止渴，消食去腻，还可以修身养性，参禅问道。

　　茶常常成为文学创作的缪斯，如唐代元稹写的宝塔诗《一七令·茶》，从一个字到七个字，写尽茶的形美味美，指出茶既对身体有益，还能提供心灵慰藉。潮州工夫茶凭借其独特的魅力，在文艺创作、文化交流中也扮演了重要角色。

　　　　　　　　茶
　　　　　　香叶　嫩芽
　　　　　慕诗客　爱僧家
　　　　碾雕白玉　罗织红纱
　　　铫煎黄蕊色　碗转曲尘花
　　夜后邀陪明月　晨前独对朝霞
　洗尽古今人不倦　将知醉后岂堪夸

元稹《一七令·茶》

文人与工夫茶相互成就，工夫茶为文人交友论道、养性修身提供载体，文人把赏茶品茶的感受写成诗，又进一步提升了工夫茶的意趣，使之成为一种独特的风尚。元代潮州路总管王瀚游潮阳灵山寺，半夜品茗下棋，写下"释子不眠供茗碗，幽人无语对棋枰"的诗句。明代潮州文状元林大钦在母亲去世后，对官场毫无眷念，归隐为母亲守孝，想起往日为高堂"侍奉茶汤"的日子不再，写下"扫叶烹茶坐复行，孤吟照月又三更"，体现了诗人淡泊功名的高尚情操。

从诗里也能看出明代瀹饮法已经流行，明万历年间进士吴殿邦备茶等友人上门，"铛满旗枪蟹放眼，门迎杖履鹤呼胎"，水壶里的水已经微微冒泡，茶叶备好，待水开就可以放入冲茶，招待好友了。清代抗日保台爱国诗人丘逢甲应邀到潮州教书，游览湖山时，取了山泉水和潮州鹩咀（鸟嘴）茶，亲自冲泡，并写《潮州春思》记之："曲院春风啜茗天，竹炉榄炭手亲煎。小砂壶瀹新鹧咀，来试湖山处女泉。"四句诗完整展现了冲泡工夫茶的核心要素：好水、好茶叶、给水增香的榄炭和小的紫砂壶。台湾与

潮州西湖与葫芦山

闽南、潮汕一衣带水，语言体系和生活方式相通，烹茶的程式也大同小异，故丘逢甲烹煮工夫茶自然是得心应手，不吝工夫的。旅居潮州八年间，丘逢甲写过数十首关于茶的诗，字里行间流露对工夫茶的由衷喜爱。

民国时期工夫茶盛行，其身影散落在名家散文里。鲁迅先生在广州和厦门教过书，夫人许广平祖籍又是汕头澄海，与工夫茶的渊源颇深。周作人在回忆鲁迅的文章里说鲁迅在上海生活的时候，房间里长年有煮水的小火炉，冲工夫茶："泡一壶茶只可供给两三个人各一杯罢了。因此屡次加水，不久淡了，便须换新茶叶。"巴金的妻子萧珊善于冲工夫茶，汪曾祺回忆，每有客访，就由她"'表演'濯器、炽炭、注水、淋壶、筛茶……"，饮者观之新奇，无不印象深刻。梁实秋在《记黄际遇先生》里对工夫茶有更细的描写，记述他在青岛时去相熟的潮州商号里喝茶的情景："有佼童兮，伺候茶水，小壶小盏，真正的工夫茶。"

而在民间歌谣中，工夫茶作为一个重要元素，也常常出现在各种劳动和生活场景里。比如《竹篙》："竹篙摇摇好晾纱，盖瓯深深好冲茶。'先嫁之人未有囝，未嫁之人囝先生'。"这是一首描写日常趣事的歌谣，描述一个小伙子看到姑嫂出门，嫂子空手在前面走，小姑子抱着侄儿在后面跟着，就开口调笑。又如以茶寄托美好愿望的《嫁囝嫁个读书人》："嫁仔嫁给读书家，脚踏书斋食白米，闲坐温存喝烧茶。"喝茶在当时还属于有钱有闲者的享受方式，劳动人民家里不常有。再如与以茶待客习俗相关的《月娘月啷云》："大嫂擎茶笑嘻嘻，二嫂擎茶嘴翘天。翘天哩待伊翘天，阿姑来无三二年。后院菜仔我父栽，大厅粟簟我父个。十二咸瓮我母做，唔是二嫂随嫁来。"

工夫茶与潮汕人的生活密不可分，许多孩子是喝着工夫茶长大的

歌谣描述小姑回娘家，被作为客人以茶相待，见二嫂奉茶心不甘情不愿，给脸色看，便历数家里吃穿都是父母操持置办，不是二嫂陪嫁，非常形象地描绘了一个霸气小姑的形象。

其余散落在各个年代的潮剧、电影、电视剧、小说、字画等作品里关于工夫茶的记载不一一赘述，虽表现形式不一样，但无不体现出工夫茶"和、敬、精、乐"的精神意蕴，展现潮汕人对生活、人生的态度。

工夫茶如系住风筝的线，游子无论走多远，喝上一杯甘醇芳香的工夫茶，精神上就回到了故乡。就像潮语歌曲里唱的那样："一壶好茶一壶月，只愿月圆勿再缺，万里乡情满腔爱，今夜伴月回。"

后记

　　采中原之精粹，纳四海之新风，岭南文化孕育了繁花似锦的各类非遗。2021年以来，我们策划出版了"粤雅小丛书"第一、二辑，精选广东剪纸、广彩、香云纱、茅龙笔、醒狮、龙舟、南拳、广绣、玉雕等多种非遗项目分册单独介绍，并在海外发行英文版，收到了良好的传播效果。

　　今年推出的"粤雅小丛书"第三辑，以"海丝潮韵"为主题，选取潮汕英歌、陆丰皮影、潮绣、金漆木雕、工夫茶等潮汕地区的特色非遗进行介绍，展现其昔日荣光与时代风采。在此特别感谢为本辑提供图片的机构及个人：南方日报图库、视觉中国、图虫网、汇图网、昵图网、Fotoe图片库；陆丰市皮影戏传承保护中心；黄炎藩、黄礼祥、林小强、蔡立佳等。

　　岭南非遗是一座富矿，是广东文化、广东韵味之凝聚，我们将继续深挖广拓，为非遗的传承与发展添砖加瓦。

粤雅小丛书编委会

2024年8月